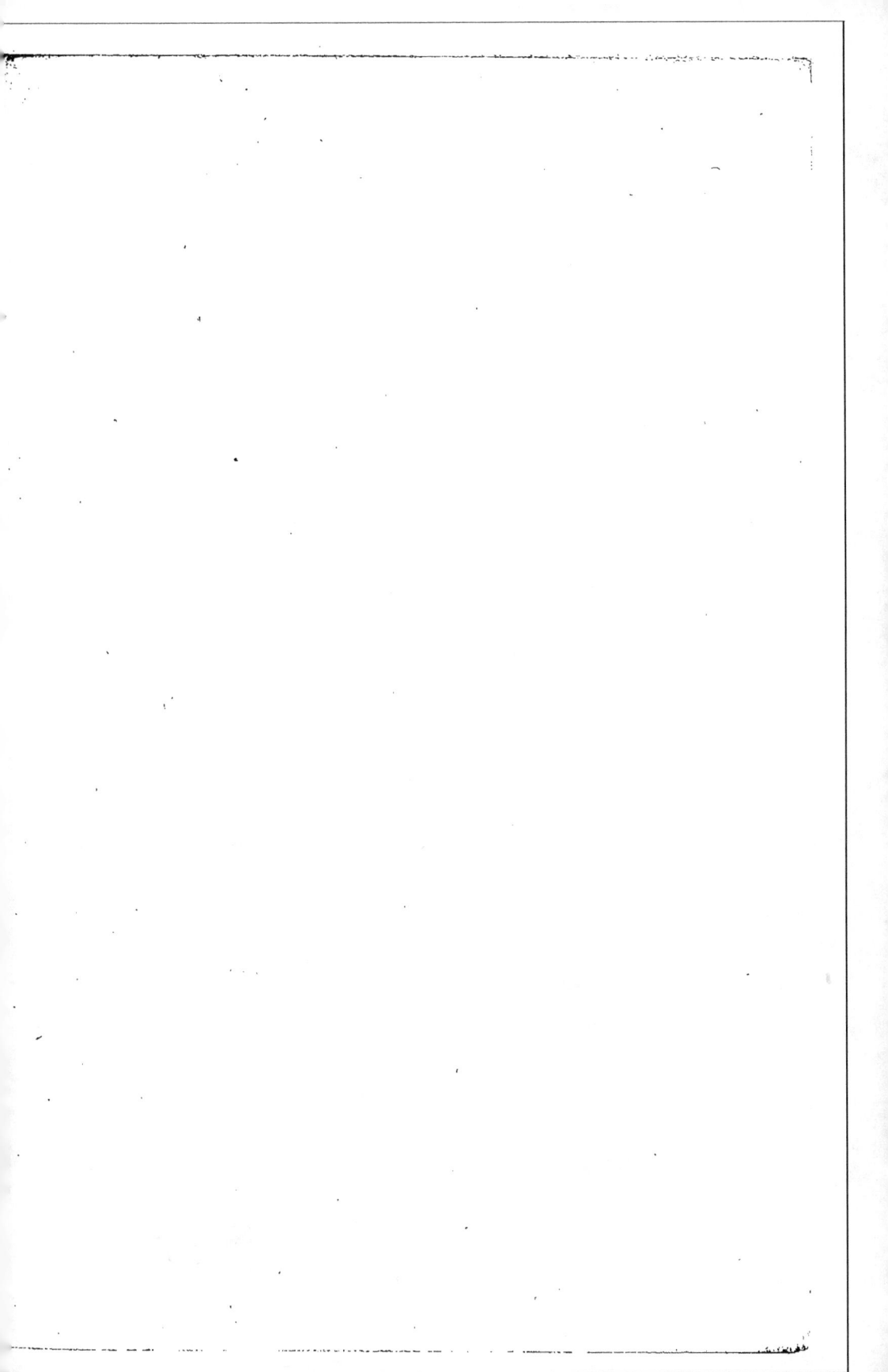

32263

FAITS
DE LOGIQUE

OBSERVÉS

DANS QUELQUES PROPOSITIONS

DE LA GÉOMÉTRIE

PAR

M. J. BIDAULD

PARIS

GAUTHIER-VILLARS, IMPRIMEUR-LIBRAIRE

DU BUREAU DES LONGITUDES, DE L'ÉCOLE POLYTECHNIQUE,

SUCCESSEUR DE MALLET-BACHELIER,

Quai des Grands-Augustins, 55.

1872

FAITS

DE LOGIQUE

OBSERVÉS

DANS QUELQUES PROPOSITIONS DE LA GÉOMÉTRIE

I

On trouve à chaque instant, dans l'étude des mathématiques, des systèmes formés de deux propositions dites réciproques l'une de l'autre. Voici, par exemple, deux propositions réciproques :

Dans tout quadrilatère convexe, si les côtés opposés sont parallèles, ces mêmes côtés opposés sont égaux.

Dans tout quadrilatère convexe, si les côtés opposés sont égaux, ces mêmes côtés opposés sont parallèles.

Ces propositions sont liées entre elles par les rapports suivants :

1° On suppose dans les deux propositions que l'on a un quadrilatère convexe;

2° Dans la première proposition, on suppose que les côtés opposés sont parallèles, et l'on affirme que, si cette condition est réalisée, ces mêmes côtés opposés sont égaux.

Dans la seconde proposition, c'est l'inverse qui a lieu : on suppose que les côtés opposés sont égaux, et l'on affirme que, si cette condition est réalisée, ces mêmes côtés opposés sont parallèles. De telle sorte que la condition du parallélisme des côtés opposés, qui fait partie de ce qu'on appelle l'hypothèse de la première proposition, forme ce qu'on appelle la conclusion de la seconde ; tandis que la condition de l'égalité des côtés opposés, qui fait partie de l'hypothèse de la seconde proposition, forme la conclusion de la première.

Les rapports que nous venons de constater entre les deux propositions précédentes sont des faits de la logique. Ces faits sont assurément bien simples, mais ils sont cependant dignes d'attirer l'attention, parce qu'ils paraissent aussi certains que des faits de logique peuvent le paraître. En premier lieu, la connaissance de ces faits nous est donnée par une observation directe, et, en second lieu, cette observation porte sur des propositions de la géométrie élémentaire, propositions dont la vérité n'est mise en doute par personne et qui, par cela même, ont, comme objets d'observations de faits de logique, une valeur de premier ordre.

Les faits de logique précédents nous sont donnés par la comparaison de deux propositions seulement. En étendant un pareil mode de comparaison à un plus grand nombre de propositions de géométrie choisies convenablement, nous serons amenés à remarquer, entre ces propositions, divers rapports plus ou moins différents de ceux qui existent entre deux propositions réciproques. Dans ce qui suit, nous étudierons de cette manière deux groupes de propositions de la géométrie élémentaire. Ces deux groupes de proposition offrent entre eux, et avec le système de deux propositions réciproques, des ressemblances de genres divers, mais des ressemblances telles, que l'un de ces deux groupes nous apparaît comme un cas particulier de l'autre, et que le système de deux propositions réciproques se présente, lui, comme un cas particulier des deux autres groupes. De telle sorte que ces trois systèmes de propositions semblent former trois termes plus ou moins simples d'une série illimitée de systèmes de propositions, systèmes qui iraient en se compliquant de plus en plus et de diverses manières, mais qui seraient tellement liés entre eux, qu'on peut espérer dès à présent parvenir à donner de tous ces systèmes une définition générale qui comprenne, à titre de cas particulier, la définition de chaque système.

De tels faits offrent sans doute de l'intérêt au point de vue de la logique pure, mais nous verrons en outre, dans ce qui suit, que l'application de ces considérations de pure logique aux procédés d'exposition de la géométrie élémentaire peut modifier ces procédés d'une façon heureuse à un double point de vue. Cette application nous permettra en effet, dans chacun des deux groupes de propositions que nous étudierons :

1° De résumer dans un seul énoncé, assez simple pour être facilement retenu, les énoncés de toutes les propositions du groupe;

2° De donner, dans certains cas au moins, à l'ensemble des démonstrations de ces propositions, une brièveté que l'on ne pourrait pas obtenir si l'on ne tenait pas compte des rapports qui lient entre elles ces propositions.

Nous pouvons d'ailleurs donner immédiatement une idée de la façon dont nous obtiendrons cette brièveté de démonstration.

Considérons les trois propositions suivantes :

Dans tout parallélogramme, les côtés opposés sont égaux.

Dans tout quadrilatère convexe, si les côtés opposés sont égaux, les diagonales se coupent mutuellement en deux parties égales.

Dans tout parallélogramme, les diagonales se coupent mutuellement en deux parties égales.

Soit un quadrilatère convexe ABCD (*fig.* 1), et menons les diagonales AC, BD ; elles se coupent en un point O. Les droites de cette figure prises trois à trois forment soit des triangles, soit des systèmes de deux parallèles coupées par une sécante.

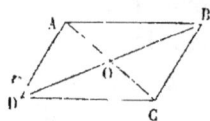

Fig. 1.

En se reportant, au moyen de ces figures auxiliaires, aux théorèmes démontrés sur les triangles et les droites parallèles, on peut démontrer les deux premières propositions. On pourrait démontrer d'une manière analogue la troisième proposition, en considérant la figure précédente. Mais ce mode de démonstration peut être ici remplacé par un autre beaucoup plus simple, en considérant les rapports qui lient cette troisième proposition aux deux premières. En effet, d'après la première proposition, le parallélisme des côtés opposés a pour conséquence l'égalité de ces mêmes côtés opposés ; et, d'après la seconde proposition, cette égalité des côtés opposés a elle-même pour conséquence la division mutuelle des diagonales en deux parties égales. Donc le parallélisme des côtés opposés a pour conséquence cette division mutuelle des diagonales en deux parties égales. Ainsi on peut déduire la troisième proposition des deux premières par un simple syllogisme, sans avoir recours à une figure géométrique comme dans les démonstrations de ces deux premières propositions.

On voit donc là les exemples de deux modes de démonstrations bien distincts :

Le premier mode de démonstration, dans lequel on relie entre elles l'hypothèse et la conclusion de la proposition à démontrer, en se reportant, au moyen d'une figure géométrique plus ou moins compliquée, aux propriétés de figures géométriques différentes de celle à propos de laquelle on énonce le théorème à démontrer;

Le second mode de démonstration, dans lequel on em-

ploie simplement un ou plusieurs syllogismes sans avoir recours à une figure géométrique. Ce dernier mode de démonstration est très-simple, car les propositions qui résul-
tent de son emploi se découvrent avec une telle facilité,
qu'on ne prend quelquefois pas la peine de les énoncer dans
les traités de géométrie.

Il y aura donc avantage, au moins dans un certain nombre de cas, à remplacer autant que possible le premier mode
de démonstration par le second. Nous verrons dans ce qui
suit comment on peut obtenir ce résultat dans les deux
groupes de propositions que nous étudierons.

II

Considérons quelques-unes des propositions qui servent
à énoncer les propriétés du parallélogramme dans les éléments de géométrie.

Nous nous occuperons d'abord des énoncés de ces propositions, et ensuite de leurs démonstrations. Nous prendrons
les uns et les autres dans le *Traité de géométrie élémentaire*
de MM. Rouché et de Comberousse. On verra d'ailleurs, dans
la suite, que ce choix n'a qu'une importance très-secondaire
pour ce que nous avons à dire. Dans l'ouvrage susdit, les
propositions dont nous voulons nous occuper sont énoncées
comme il suit :

(A) { 85. *Dans tout parallélogramme :*
    1° *Les côtés opposés sont égaux deux à deux ;*
    2° *Les angles opposés sont égaux deux à deux ;*
    3° *Les diagonales se coupent mutuellement en deux*
       parties égales.

(B)
86. *Un quadrilatère est un parallélogramme :*
1° *Si les côtés opposés sont égaux deux à deux ;*
2° *Si les angles opposés sont égaux deux à deux;*
3° *Si les diagonales se coupent mutuellement en deux parties égales.*

Nous avons ici six propositions, parmi lesquelles les trois dernières sont les réciproques des trois premières.

Il est facile de voir que ces propositions peuvent donner lieu, à l'aide de simples syllogismes, aux six propositions suivantes :

(C)
Dans tout quadrilatère convexe :
1° *Si les côtés opposés sont égaux deux à deux, les angles opposés sont égaux deux à deux ;*
2° *Si les côtés opposés sont égaux deux à deux, les diagonales se coupent mutuellement en deux parties égales;*
3° *Si les angles opposés sont égaux deux à deux, les diagonales se coupent mutuellement en deux parties égales ;*
4° *Si les angles opposés sont égaux deux à deux, les côtés opposés sont égaux deux à deux ;*
5° *Si les diagonales se coupent mutuellement en deux parties égales, les côtés opposés sont égaux deux à deux ;*
6° *Si les diagonales se coupent mutuellement en deux parties égales, les angles opposés sont égaux deux à deux.*

En effet : d'après les propositions (B), chacune des hypothèses des propositions (C) a pour conséquence le parallélisme des côtés opposés du quadrilatère; et, d'après les propositions (A), ce parallélisme a lui-même pour conséquences les conclusions des propositions (C).

Les six propositions (C) ne sont pas énoncées dans les traités de géométrie, et, quand on est conduit à les employer, on est obligé de les déduire des propositions (A) et (B). D'autre part, cette déduction est assez facile pour qu'on croie inutile de surcharger la rédaction des traités de géométrie avec les six énoncés (C).

Mais ces deux inconvénients peuvent être évités à la fois par l'emploi d'une forme d'énoncé à laquelle nous conduisent les quelques remarques suivantes faites sur les rapports qui lient entre elles les douze propositions (A), (B), (C).

1° On suppose dans toutes ces propositions que l'on a un quadrilatère convexe.

2° Outre cette condition commune, les hypothèses et les conclusions de ces propositions ne contiennent que les quatre conditions suivantes :

(D)
    (1) *Les côtés opposés sont parallèles deux à deux ;*
    (2) *Les côtés opposés sont égaux deux à deux ;*
    (3) *Les diagonales se coupent mutuellement en deux parties égales ;*
    (4) *Les angles opposés sont égaux deux à deux.*

3° Ces propositions sont formées de telle sorte, que chacune des quatre conditions (D) figure comme hypothèse dans trois propositions qui ont pour conclusions les trois conditions (D) restantes.

Il résulte de ces remarques que les douze propositions (A), (B), (C), signifient simplement que, dans un quadrilatère convexe, la réalisation de l'une quelconque des conditions (D) a pour conséquence la réalisation des trois autres conditions (D). Et l'on peut, d'après cela, remplacer ces douze propositions par la suivante :

(E)
> *Dans tout quadrilatère convexe, si l'une des quatre conditions suivantes est réalisée, les trois autres conditions sont aussi réalisées :*
>
> 1° *Les côtés opposés sont parallèles deux à deux;*
> 2° *Les côtés opposés sont égaux deux à deux;*
> 3° *Les diagonales se coupent mutuellement en deux parties égales;*
> 4° *Les angles opposés sont égaux deux à deux.*

Cet énoncé a un double avantage sur les énoncés (A) et (B) que l'on emploie dans les traités élémentaires de géométrie : il est plus simple que l'ensemble des énoncés (A) et (B) et il présente immédiatement à la mémoire la totalité des faits géométriques exprimés dans les douze propositions (A), (B), (C).

Passons maintenant à la démonstration de la proposition (E) ou des propositions (A), (B), (C).

Dans les traités de géométrie, en particulier dans celui que nous avons pris pour guide, on démontre les six propositions (A) et (B) en ayant recours, au moyen d'une figure géométrique, aux théorèmes précédemment démontrés et qui font connaître les propriétés des angles, des triangles, des parallèles, et la somme des angles d'un polygone convexe.

Quant aux propositions (C), on les déduit au besoin, comme nous l'avons dit, des propositions (A) et (B) par de simples syllogismes et sans avoir recours à une figure géométrique.

Ainsi, la longueur et la difficulté de la démonstration de la proposition (E) dépendent, en grande partie au moins, du nombre des propositions, telles que les propositions (A) et (B), que l'on est obligé de démontrer en ayant recours à une figure géométrique. On peut employer, pour réduire le nombre des démonstrations de cette espèce, la méthode que voici :

Formons quatre propositions au moyen des conditions (D)

et de la condition commune aux propositions (A), (B), (C), condition qui consiste, comme on sait, en ce qu'on a un quadrilatère convexe.

Prenons pour hypothèses les quatre groupes de conditions obtenus en joignant successivement à cette condition commune chacune des quatre conditions (D) (1), (2), (3), (4), et donnons respectivement pour conclusions à ces hypothèses chacune des quatre conditions (D) (2), (3), (4), (1). Nous aurons ainsi :

(F)
1° *Les côtés opposés d'un parallélogramme sont égaux deux à deux ;*

2° *Si les côtés opposés d'un quadrilatère convexe sont égaux deux à deux, les diagonales se coupent mutuellement en deux parties égales ;*

3° *Si les diagonales d'un quadrilatère convexe se coupent mutuellement en deux parties égales, les angles opposés sont égaux deux à deux ;*

4° *Un quadrilatère convexe dont les angles opposés sont égaux deux à deux est un parallélogramme.*

Démontrons maintenant ces quatre propositions en ayant recours à des figures géométriques.

1° La démonstration qui devrait être donnée ici de cette première proposition se trouve dans tous les traités de géométrie élémentaire.

2° *Si les côtés opposés d'un quadrilatère convexe ABCD* (fig. 2) *sont égaux deux à deux, les diagonales AC, DB se coupent mutuellement en deux parties égales.*

Les triangles DAB et DCB sont égaux comme ayant le côté DB commun et les deux autres côtés égaux chacun à chacun. Les angles CDB et ABD sont égaux comme opposés dans ces deux triangles aux côtés égaux BC et AD. De la même manière, l'égalité des angles DCA et BAC résulte de l'égalité des triangles

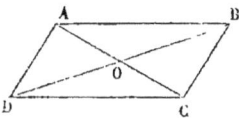

Fig. 2.

CDA et CBA. Par suite, les deux triangles AOB et DOC sont égaux comme ayant un côté égal adjacent à deux 'angles égaux chacun à chacun, et les côtés OA et OB du premier de ces triangles sont respectivement égaux aux côtés OC et OD du second.

3° *Si les diagonales AC et DB d'un quadrilatère convexe ABCD* (fig. 2) *se coupent mutuellement en deux parties égales, les angles opposés sont égaux deux à deux.*

Les triangles AOB et DOC sont égaux comme ayant leurs angles en O égaux et compris entre deux côtés égaux chacun à chacun. Par suite les angles OAB et OBA du premier triangle sont respectivement égaux aux angles OCD et ODC du second. De même, il résulte de l'égalité des triangles AOD et BOC que les angles OAD et ODA sont respectivement égaux aux angles OCB et OBC.

Donc, dans le quadrilatère, l'angle DAB, qui est la somme des angles OAB et OAD, est égal à son opposé BCD, qui est la somme des angles OCD et OCB.

De même les angles opposés ABC et ADC sont égaux comme formés de parties égales.

4° La démonstration de cette quatrième proposition se trouve, comme celle de la première, dans tous les traités de géométrie.

Les quatre propositions que nous venons de démontrer font partie des douze propositions contenues dans l'énoncé (E). Il est facile de vérifier que les huit autres propositions contenues dans cet énoncé se déduisent des quatre précédentes par de simples syllogismes, d'une manière analogue à celle suivant laquelle les propositions (C) se déduisent des propositions (A) et (B).

En effet, la condition commune à toutes ces propositions étant une fois pour toutes supposée réalisée, supposons en outre que la condition (D) (2) soit réalisée.

D'après les quatre propositions précédentes, la réalisation

de la condition (D) (2) a pour conséquence celle de la condition (D) (3) ; la réalisation de la condition (D) (3) a pour conséquence celle de la condition (D) (4), et la réalisation de la condition (D) (4) a pour conséquence celle de la condition (D) (1). De telle sorte que la réalisation de la condition (D) (2) a pour conséquences successives la réalisation de chacune des conditions (D) (3), (D) (4), et (D) (1). De la même manière, la réalisation de l'une quelconque des conditions (D) a pour conséquence la réalisation des trois autres. C'est précisément là ce que dit l'énoncé (E).

Ainsi donc, dans la démonstration du système de propositions (A), (B), (C), ou de l'énoncé (E), la méthode de raisonnement précédente réduit de six à quatre le nombre des propositions qu'il est nécessaire de démontrer en ayant recours à des constructions géométriques et aux théorèmes relatifs aux figures précédemment étudiées dans les traités.

<h1 style="text-align:center">III</h1>

Dans l'étude du système de propositions (A), (B), (C), nous avons pris pour point de départ les énoncés et les démonstrations des traités de géométrie; mais, dans ce qui suit, ce mode d'exposition serait embarrassant et sans utilité.

Soit un triangle ABC (*fig*. 3). Menons par le sommet A une droite AD qui coupe le côté opposé BC en un point D situé entre les po:

Fig. 3.

B et C.

On peut énoncer relativement à cette figure la proposition suivante :

(G) { (H) {

Dans toute figure telle que ABDC (*fig*. 3), si deux quelconques des quatre conditions suivantes sont réalisées, les deux conditions restantes sont aussi réalisées:

(1) *Les deux côtés AB et AC du triangle ABC sont égaux ;*

(2) *La droite AD, menée par l'intersection A de ces côtés, est une médiane du triangle ABC ;*

(3) *Cette droite est perpendiculaire sur le côté BC opposé au sommet A ;*

(4) *Cette droite est bissectrice de l'angle A du triangle ABC.*

Cet énoncé, qui n'est ni plus long ni plus difficile à retenir que l'énoncé (E), présente comme celui-ci immédiatement à la mémoire douze propositions. Ce sont les suivantes:

Dans tout triangle isocèle ABC (fig. 3), la médiane AD menée par le sommet A

(1) *Est perpendiculaire sur la base BC ;*

(2) *Est bissectrice de l'angle au sommet A.*

Si une médiane AD d'un triangle ABC est perpendiculaire sur le côté BC qu'elle divise en deux parties égales,

(3) *Cette médiane est bissectrice de l'angle BAC par le sommet duquel elle passe ;*

(4) *Les deux côtés AB et AC du triangle sont égaux.*

Si la perpendiculaire AD abaissée du sommet A d'un triangle ABC sur le côté opposé BC est en même temps bissectrice de l'angle A du triangle,

(5) *Les deux côtés AB et AC de ce triangle sont égaux;*

La perpendiculaire AD est une médiane du triangle.

Dans tout triangle isocèle ABC, la bissectrice de l'angle au sommet A

(7) *Est une médiane du triangle;*

(8) *Est perpendiculaire sur la base BC.*

Dans tout triangle isocèle ABC, la perpendiculaire abaissée du sommet A sur la base BC

(9) *Est bissectrice de l'angle au sommet;*

(10) *Est une médiane du triangle.*

Si une médiane AD d'un triangle ABC est en même temps bissectrice de l'angle BAC par le sommet duquel elle passe,

(11) *Les deux côtés AB et AC du triangle sont égaux;*

(12) *La droite AD est perpendiculaire sur le troisième côté BC.*

L'avantage de l'énoncé (G) sur les douze énoncés précédents (K) est encore plus manifeste que l'avantage de l'énoncé (E) sur les douze énoncés (A), (B), (C), parce que les douze propositions précédentes (K) sont plus compliquées que les propositions du système (A), (B), (C). Dans les douze propositions (K), les hypothèses contiennent chacune deux conditions outre les conditions qui leur sont communes à toutes; tandis que, dans les propositions (A), (B), (C), chaque hypothèse ne contient qu'une condition en dehors des conditions communes à toutes ces propositions.

Cette différence est importante à remarquer, car nous allons voir qu'elle nécessite, pour la démonstration de la proposition (G), l'emploi d'une méthode différente de celle que nous avons employée pour démontrer la proposition (E).

Pour démontrer la proposition (G) nous allons démontrer d'abord les six propositions (K) (1), (3), (5), (7), (9), (11), en nous servant de la figure ABDC *fig*. 3). Les six autres propositions (K) (2), (4), (6), (8), (10), (12), se déduiront par de simples syllogismes de celles que nous aurons démontrées.

(K) (1). Si le côté AB égale le côté AC et si le point D est

le milieu du troisième côté BC, les deux triangles ADB et
ADC sont égaux comme ayant un côté AD commun et les
deux autres côtés égaux chacun à chacun. Donc les angles
ADB et ADC sont égaux, et la droite AD est perpendiculaire
sur le côté BC.

(K) (3). Si le point D est le milieu de la longueur BC et
si la droite AD est perpendiculaire sur le côté BC les deux
triangles rectangles ADB et ADC sont égaux, et la droite AD
est bissectrice de l'angle BAC.

(K) (5). Si la droite AD est à la fois perpendiculaire
sur le côté BC, et bissectrice de l'angle BAC, les deux
triangles ADB et ADC sont égaux comme ayant un côté AD
commun adjacent à deux angles égaux chacun à chacun,
et les côtés AB et AC du triangle ABC sont égaux.

(K) (7). Si le côté AB est égal au côté AC et si la droite AD
est bissectrice de l'angle BAC, les deux triangles ADB et
ADC sont égaux, et la droite AD est une médiane du triangle
ABC.

(K) (9). Si le côté AB est égal au côté AC et si la droite AD
est perpendiculaire sur le côté BC, les deux triangles rectangles ADB et ADC sont égaux comme ayant l'hypoténuse
égale et un autre côté AD commun. Par suite, la droite AD
est la bissectrice de l'angle BAC.

(K) (11). On suppose que le point D est le milieu de la
longueur BC et que la droite AD est la bissectrice de l'angle
BAC. On veut démontrer que, dans le triangle ABC, les côtés
AB et AC sont égaux. Prolongeons la droite AD (*fig.* 4) dans
le sens AD d'une longueur DE égale à DA. Joignons le point
E aux points B et C.

Les triangles ADB et EDC sont égaux comme ayant un
angle égal compris entre deux côtés égaux chacun à chacun, et il en est de même des triangles ADC et EDB.
Par suite, les angles DEB et DEC sont égaux entre eux
comme étant égaux respectivement aux angles DAC et DAB,

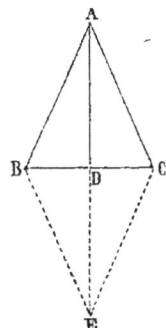

qui sont eux-mêmes égaux entre eux par hypothèse. De là résulte l'égalité des triangles ABE et ACE, et par suite l'égalité des côtés AB et AC du triangle ABC. On aurait pu, dans le cas que nous étudions, démontrer immédiatement les six propositions (K) (2), (4), (6), (8), 10), (12), en même temps que les six précédentes : cela n'aurait pas nécessité de nouveaux raisonnements ; mais je ne l'ai pas fait, parce que je tiens à montrer qu'on peut déduire les six propositions (K) (2), (4), (6), (8), (10), (12),

Fig. 4.

des six propositions (K) (1), (3), (5), (7), (9), (11), sans avoir recours à des figures géométriques. La proposition (2) résulte des propositions (1) et (3). En effet, on suppose dans les deux hypothèses des propositions (1) et (3) que la droite AD est une médiane du triangle ABC. Faisons donc cette supposition une fois pour toutes. Alors, d'après la proposition (1), si les côtés AB et AC sont égaux, la droite AD est perpendiculaire sur le troisième côté BC ; et, d'après la proposition (3), si cette droite AD, supposée une fois pour toutes médiane du triangle, est en même temps perpendiculaire sur le côté BC, elle est aussi bissectrice de l'angle BAC. Donc, si la droite AD est une médiane et si les côtés AB et AC sont égaux, la droite AD est bissectrice de l'angle BAC. C'est là la proposition (2).

On peut vérifier d'une manière analogue qu'un simple syllogisme permet de déduire :

La proposition (4) des propositions (3) et (5) ;
La proposition (6) des propositions (5) et (7) ;
La proposition (8) des propositions (7) et (1) ;
La proposition (10) des propositions (9) et (7) ;
La proposition (12) des propositions (11) et (1) ;

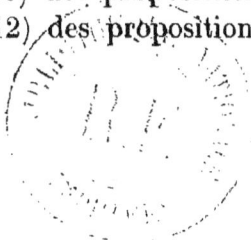

IV

Nous avons donc étudié deux systèmes de propositions de la géométrie, ainsi qu'il avait été dit. Mais, dans ce qui précède, les faits de logique relatifs à ces deux systèmes ne sont pas suffisamment mis en relief. Afin d'attirer plus particulièrement l'attention sur ces faits, je vais résumer leur exposition en les dégageant autant que possible des faits de géométrie à propos desquels ils ont été observés.

On pourrait remarquer que j'emploie fréquemment, dans ce qui précède et dans ce qui suit, des mots tels que les mots : *condition*, *proposition*, *hypothèse*, *conclusion*, etc..., sans avoir fixé par une définition précise le sens de chacun de ces mots. Les définitions que j'ai trouvées dans divers ouvrages sont ou trop générales ou trop vagues pour être utilisées dans l'exposition présente, et les tentatives que j'ai faites moi-même pour formuler de semblables définitions ne m'ont donné aucun résultat satisfaisant.

Mais, d'après la manière dont les mots précédents sont employés ici, cette absence de définition n'a pas d'inconvénient.

En effet, comme je n'affirme rien d'une manière absolue, en dehors des faits dont la connaissance et donnée par l'observation immédiate des deux systèmes de propositions étudiés précédemment, les mots précédents ne sont employés dans mes affirmations que pour désigner des choses que le lecteur a constamment sous les yeux. Ces mots ne sont pas employés pour désigner des *conditions*, des *propositions*, etc..., quelconques, mais seulement pour désigner les con-

ditions, les *propositions*, etc..., particulières que l'on trouve dans les deux systèmes précédents de propositions. Ainsi, l'absence de définitions précises propres à fixer les significations des mots précédents ne nuit pas à la précision du langage, au moins dans tout ce qui est affirmé d'une manière absolue.

Occupons-nous maintenant de la proposition (E) et des propositions (A), (B), (C).

Nous trouvons les propositions (A), (B), (C) constituées de la manière suivante :

1° Une certaine condition commune à toutes ces propositions et qui consiste en ce que l'on a un quadrilatère convexe;

2° Un certain nombre de conditions (D) (1), (2), (3), (4), qui viennent se joindre tour à tour à la condition commune, pour former les hypothèses et les conclusions des propositions (A), (B), (C).

3° En mettant de côté la condition commune que nous supposons une fois pour toutes réalisée, on peut former les propositions (A), (B), (C), en prenant successivement pour hypothèse chacune des conditions (D), et en donnant successivement pour conclusion à chacune de ces hypothèses chacune des conditions (D) restantes.

Nous appellerons un pareil système de propositions *un système de propositions monômes réciproques*.

On trouve fréquemment dans l'exposition des mathématiques de pareils systèmes dans lesquels les conditions telles que les conditions (D) sont au nombre de deux seulement, et l'on dit déjà que les propositions de chacun de ces systèmes sont réciproques. On peut voir d'ailleurs que le mode de formation que nous venons d'indiquer pour les propositions (A), (B), (C), ne dépend nullement du nombre des conditions (D). Il est donc très-probable qu'il ne serait pas difficile de trouver dans l'exposition des mathématiques des systèmes de propositions monômes réciproques formées avec des nombres autres que deux ou quatre de conditions telles que les conditions (D).

Nous avons vu dans l'énoncé (E) que le système des propositions (A), (B), (C), signifie simplement que, dans tout quadrilatère convexe, la réalisation de l'une quelconque des conditions (D) entraîne la réalisation de toutes les autres conditions. (D).

Nous donnerons un nom à cette propriété des conditions (D) en disant que ces conditions sont *équivalentes une à une*, et nous pourrons alors remplacer les propositions (A), (B), (C), par la proposition suivante :

(L) { *Dans tout quadrilatère convexe, les conditions* (D) *sont équivalentes une à une.*

Au surplus, ce fait de l'équivalence une à une des conditions (D) résulte bien évidemment du mode de formation que nous avons constaté précédemment pour les propositions monômes réciproques (A), (B), (C), puisque, d'après ce mode de formation, chaque condition (D) est prise tour à tour pour hypothèse et a pour conclusions toutes les autres conditions (D) restantes. Dès lors, chaque fois que l'on trouvera un système de propositions monômes réciproques formées, comme nous l'avons indiqué, avec un certain nombre de conditions telles que les conditions (D), ce système de propositions signifiera que les conditions telles que les conditions (D) avec lesquelles il est formé sont équivalentes une à une ; et l'on pourra remplacer les énoncés des propositions réciproques par un seul énoncé de la forme de l'énoncé (L), beaucoup plus simple et plus commode à retenir que l'ensemble des énoncés des propositions réciproques correspondantes.

Revenons maintenant un peu sur la démonstration de la proposition (E). Nous avons d'abord démontré les quatre propositions (F) dont nous rappelons ici le mode de formation, en employant toutefois des termes un peu différents de ceux que nous avons employés pour le décrire une première fois.

Supposons une fois pour toutes que nous avons un quadrilatère convexe, pour n'avoir plus à nous occuper que des conditions (D). Nous considérons une certaine permutation (1) (2) (3) (4) des quatre conditions (D), puis nous prenons : pour hypothèse d'une première proposition la condition (1), et pour conclusion la condition (2); pour hypothèse d'une seconde proposition la condition (2), et pour conclusion la condition (3); pour hypothèse d'une troisième proposition la condition (3), et pour conclusion la condition (4); enfin pour hypothèse d'une quatrième proposition la condition (4), et pour conclusion la condition (1).

Il est facile de voir que cette description peut se résumer d'une manière très-simple à l'aide de quelques conventions de langage.

Considérons la permutation (1) (2) (3) (4) des quatre conditions (D). Supposons que l'on dispose les objets de cette permutation sur une circonférence de cercle en les espaçant, si l'on veut, également les uns des autres, mais en conservant toujours l'ordre suivant lequel ces objets sont rangés dans la permutation. Alors les objets (1) et (2) seront voisins, et il en sera de même des objets (2) et (3), des objets (3) et (4) et des objets (4) et (1). Cela étant, on peut aller sur la circonférence d'un objet à un objet voisin en parcourant cette ligne dans deux sens différents. De là, deux manières d'envisager les rapports de situation des objets (1), (2), (3), (4), sur la circonférence ou dans la permutation.

1° On peut convenir que dans la permutation (1)(2)(3)(4): l'objet (2) *succède* à l'objet (1), l'objet (3) succède à l'objet (2), l'objet (4) succède à l'objet (3), l'objet (1) succède à l'objet (4).

2° On peut convenir, au contraire, que dans cette même permutation : l'objet (4) succède à l'objet (1), l'objet (3) succède à l'objet (4), l'objet (2) succède à l'objet (3), l'objet (1) succède à l'objet (2).

Ce sont ces deux manières inverses d'envisager les rapports de situation des objets qui composent une certaine permutation, que nous appellerons les deux *sens de succession* de ces objets dans cette permutation. Ces conventions de langage étant admises, nous dirons :

Pour former les quatre propositions (F), on suppose d'abord une fois pour toutes que l'on a un quadrilatère convexe.

On considère une certaine permutation (1) (2) (3) (4) des quatre conditions (D). On adopte dans cette permutation un certain sens de succession, celui dans lequel l'objet (2) succède à l'objet (1), l'objet (3) succède à l'objet (2), etc. On prend successivement pour hypothèse chacune des quatre conditions (D), et on donne pour conclusion à chaque hypothèse la condition qui, dans la permutation et le sens de succession choisis, *succède* à la condition dont cette hypothèse est formée.

Les quatre propositions ainsi formées étant démontrées, la démonstration de la proposition (E) en résulte très-aisément, comme nous l'avons montré précédemment. On voit que la brièveté de ce mode de démonstration des propositions monômes réciproques tient au mode de formation des propositions telles que les propositions (F) que l'on est obligé de démontrer en recourant à des figures de géométrie.

C'est pour cela que j'ai cherché à attirer l'attention sur ce mode de formation en résumant son énoncé comme je viens de le faire.

Ce mode de formation appliqué à cinq conditions telles que les conditions (D) donnerait cinq propositions ; il donnera en général n propositions si on l'applique à un nombre quelconque n de conditions telles que les conditions (D). De la sorte, si, comme cela est probable, le mode de démonstration que nous avons employé pour les propositions monômes réciproques (A), (B), (C), peut s'appliquer à un système quelconque de propositions monômes réciproques formées avec n conditions telles que les conditions (D), la démonstration de l'équivalence une à une de ces n conditions, ou, ce qui revient au même, la démonstration des $n\,(n-1)$ propositions monômes réciproques formées avec ces n conditions sera très-aisément, et d'une manière uniforme, ramenée à la démonstration de n de ces $n\,(n-1)$ propositions.

Occupons-nous maintenant des propositions (G) et (K). Les douze propositions (K) sont formées de la manière suivante :

1° Il y a une condition commune à toutes ces propositions, c'est que l'on a un triangle ABC (*fig.* 3) et une droite AD qui joint un sommet A de ce triangle à un point D situé sur le côté opposé BC entre les points B et C;

2° Quatre conditions (H) qui viennent se joindre tour à tour à la condition commune pour former les hypothèses et les conclusions des propositions (K);

3° Si l'on suppose une fois pour toutes réalisée la condition commune, on forme les propositions (K) en prenant successivement pour hypothèse chacun des six groupes différents de conditions constitués par les combinaisons deux à deux des quatre conditions (H), et en donnant pour conclusions à chacune de ces hypothèses chacune des deux conditions (H) restantes. Nous appellerons un pareil système de propositions *un système de propositions binômes réciproques.*

On peut voir que la manière dont nous formons ces propositions (K) avec la condition commune et les quatre conditions (H) pourrait s'appliquer tout aussi bien à un nombre quelconque autre que quatre de conditions telles que les conditions (H). Cela porte à croire que l'on pourra trouver dans l'exposition des mathématiques des systèmes de propositions binômes réciproques formées avec plus ou moins de quatre conditions telles que les conditions (H).

D'autre part, si nous comparons le mode de formation de notre système (K) de propositions binômes réciproques avec le mode de formation de notre système (A), (B), (C), de propositions monômes réciproques, nous trouvons de nombreuses analogies. Ces deux modes de formation ne diffèrent qu'en ce que, pour former les hypothèses des propositions binômes, on prend deux à deux les conditions (H), tandis que, pour former les hypothèses des propositions monômes, on ne prend les conditions (D) que une à une.

Cela fait présumer que l'on pourrait trouver des systèmes de propositions *trinômes réciproques, quatrinômes réciproques*, etc., qui ne différeraient des systèmes précédents qu'en ce que pour former les hypothèses on prendrait trois à trois, quatre à quatre, etc., certaines conditions telles que les conditions (D) et (H).

Il est même assez probable qu'il ne serait pas nécessaire, pour trouver de pareils systèmes de propositions, de s'adresser à des figures bien compliquées, puisque la figure très-simple ABDC (*fig.* 3) nous a déjà fourni un système de propositions binômes réciproques.

Nous avons vu par l'énoncé (G) que le système des propositions (K) signifie seulement que, dans toute figure telle que la figure ABDC (*fig.* 3), la réalisation de deux quelconques des conditions (H) a pour conséquence la réalisation de toutes les autres conditions (H).

Pour nommer cette propriété des conditions (H) nous dirons que ces conditions sont *équivalentes deux à deux*, et nous pourrons ainsi énoncer la proposition (G) sous la forme suivante :

(M) $\left\{ \right.$ *Dans toute figure telle que la figure ABDC* (fig. 3), *les conditions (H) sont équivalentes deux à deux.*

D'après la manière même suivant laquelle nous formons un système de propositions binômes réciproques avec un groupe de conditions telles que les conditions (H), on voit que chaque système de propositions binômes réciproques signifie que les conditions telles que les conditions (H) avec lesquelles il est formé sont équivalentes deux à deux. Ainsi, tout système de propositions binômes réciproques pourra se résumer dans un énoncé unique de la forme de l'énoncé (M).

Cette forme d'énoncé sera d'autant plus avantageuse que le nombre des propositions binômes réciproques sera plus grand.

Si nous nous reportons à la démonstration du système (K) de propositions binômes réciproques, nous trouverons entre le mode de démonstration de ces propositions et le mode de démonstration des propositions monômes réciproques des analogies et des différences de mêmes genres que celles qui existent entre les modes de formation de ces deux systèmes de propositions.

Pour démontrer les propositions (K) ou, ce qui revient au même, la proposition (G), nous avons d'abord démontré, en recourant à la figure ABDC (*fig.* 3), les six propositions (K) (1), (3), (5), (7), (9), (11). Voici comment on peut former ces six propositions avec les quatre conditions (H) et la condition commune à toutes les propositions (K).

Supposons une fois pour toutes réalisée cette condition commune. Alors on considère une permutation (1) (2) (3) (4) des quatre conditions (H) (1), (2), (3), (4). On prend : pour hypothèse d'une première proposition l'ensemble des conditions (1) et (2), et pour conclusion la condition (3) ; pour hypothèse d'une seconde proposition les conditions (2) et (3), et pour conclusion la condition (4) ; pour hypothèse d'une troisième proposition les conditions (3) et (4), et pour conclusion la condition (1); pour hypothèse d'une quatrième proposition les conditions (4) et (1), et pour conclusion la condition (2); pour hypothèse d'une cinquième proposition les conditions (1) et (3), et pour conclusion la condition (4); pour hypothèse d'une sixième proposition les conditions (2) et (4), et pour conclusion la condition (1). De même que, dans le cas des propositions monômes réciproques, nous pouvons résumer la description de ce mode de formation dans un énoncé simple et facile à retenir. Mais pour cela il faut faire encore quelques nouvelles conventions de langage, en dehors de celles qui nous ont déjà servi dans le cas des propositions monômes réciproques.

Considérons une permutation $a\ b\ c\ d...m\,n$ d'un certain nombre d'objets. Supposons ces objets rangés sur une circonférence de cercle, de façon que l'ordre de leur succession soit le même que dans la permutation. Supposons en outre, une fois pour toutes, que l'on parcourt cette circonférence dans le sens correspondant à un *sens de succession* choisi : par exemple dans le sens que l'on suit quand on va successivement de b à c, de c à d, etc...., de m à n, etc. Si l'on va dans ce sens d'un objet c à un autre objet m, on trouve sur sa route, entre ces deux objets, un nombre d'objets plus ou moins grand. Nous distinguerons les trois cas suivants :

1° Le nombre des objets que l'on rencontre si l'on va d'un objet c à un autre objet m, en suivant le sens choisi, est plus petit que le nombre des objets que l'on rencontre en continuant sa route pour aller de l'objet m à l'objet c. Nous dirons alors que, dans la permutation et le sens de succession choisis, l'objet m est le *dernier* des deux objets c et m ;

2° Le nombre des objets que l'on rencontre en allant, dans le sens choisi, de l'objet c à l'objet m, est plus grand que le nombre des objets que l'on rencontre en allant dans le même sens de l'objet *m* à l'objet *c*. Nous dirons alors que l'objet *c* est le *dernier* des objets *c* et *m* ;

3° On trouve, en allant toujours dans le même sens, entre les objets *c* et *m*, et entre les objets *m* et *c*, le même nombre d'objets. Dans ce cas, pour définir le dernier objet, nous reviendrons à la permutation primitive rangée sur une ligne droite. Nous supposerons cette ligne droite parcourue dans un sens correspondant au sens de succession choisi : par exemple en allant de l'objet *a* à l'objet *n*, et nous dirons que l'objet *m* est le *dernier* des objets *m* et *c*, si, en suivant la route indiquée, on rencontre l'objet *c* avant de rencontrer l'objet *m*.

Ces conventions de langage étant admises, nous énoncerons ainsi qu'il suit le mode de formation des propositions (K) (1), (3), (5), (7), (9), (11).

La condition commune aux propositions (K) étant supposée réalisée, on considère une permutation (1) (2) (3) (4) des quatre conditions (H) (1), (2), (3), (4). On adopte dans cette permutation un sens de succession déterminé, celui dans lequel l'objet (2) succède à l'objet (1), l'objet (3) succède à l'objet (2), etc. Alors on prend pour hypothèses les combinaisons deux à deux des conditions (H), et pour conclusion de chacune de ces hypothèses la condition qui, dans la permutation et le sens de succession choisis, *succède* à la *dernière* des conditions de l'hypothèse correspondante. On obtient, en suivant cette règle de formation, les six propositions (K) (1), (3), (5), (7), (9), (11). On démontre ces propositions en ayant recours aux figures (3) et (4), et on en déduit les six autres propositions (K) par de simples syllogismes.

Comparons maintenant ce mode de démonstration des propositions binômes réciproques avec le mode de démonstration des propositions monômes réciproques.

Dans les deux cas, on démontre d'abord un certain nombre de propositions en ayant recours à une figure géomé-

trique ; puis on déduit de ces propositions, par de simples
syllogismes, toutes les autres propositions du système que
l'on considère. Les parties importantes de ces deux modes
de démonstration consistent donc dans le choix ou le mode
de formation des propositions que l'on doit d'abord démontrer, en ayant recours à une figure géométrique. Or, si l'on
se reporte aux derniers énoncés que nous avons donnés de
ces modes de formation, d'une part pour les propositions
(F), d'autre part pour les propositions (K) (1), (3), (5), (7),
(9), (11), on voit que ces modes de formation ne diffèrent
qu'en ce que, pour former les hypothèses des propositions (F),
on prend les conditions (D) une à une, tandis qu'on prend
les conditions (H) deux à deux pour former les hypothèses
des propositions (K) (1), (3), (5), (7), (9), (11).

Il y a donc entre ces modes de formation les mêmes analogies et les mêmes différences qu'entre le mode de formation des propositions monômes réciproques (A), (B), (C), et
le mode de formation des propositions binômes réciproques (K).

Ainsi, de même que la définition des propositions monômes réciproques peut être considérée comme un cas particulier de la définition des propositions binômes réciproques ;
de même le procédé de démonstration des propositions monômes réciproques peut être considéré comme un cas particulier du procédé de démonstration des propositions binômes réciproques ; et il semble dès lors probable que ces
deux procédés de démonstration, aussi bien que ceux qui
s'appliqueraient à des propositions trinômes réciproques,
quatrinômes réciproques, etc., pourraient être tous compris
à titre de cas particuliers dans un procédé général que l'on
énoncerait une fois pour toutes.

Les faits de logique précédents ont été présentés comme
si la connaissance en avait été acquise par la simple observation des deux systèmes de propositions de géométrie que

nous avons étudiés. Cependant c'est par un mode de recherche bien différent de la simple observation que ces résultats ont été d'abord obtenus.

D'après l'exemple des logiciens qui, pour étudier les syllogismes, regardent les propositions comme formées avec ce qu'ils appellent des *termes*, j'avais cru pouvoir regarder les propositions de mathématique en particulier comme constituées avec certains éléments que j'appelais des *conditions*. Je formai donc de toutes pièces avec des symboles représentant chacun une condition quelconque, les divers systèmes de propositions que je pouvais imaginer, et j'étudiai ensuite les particularités de ces différents systèmes en partant de quelques propositions de logique qui me paraissaient évidentes et dont je me servais, comme les mathématiciens se servent de leurs axiomes, pour chercher et démontrer d'autres propositions exprimant les propriétés de ces divers systèmes. J'avais été conduit ainsi, en suivant, comme on le voit, une méthode de recherche tout à fait analogue à celle des mathématiciens, à imaginer un assez grand nombre de systèmes de propositions et à démontrer diverses propriétés de ces systèmes d'une façon qui me paraissait d'abord assez rigoureuse. J'essayai alors d'appliquer ces résultats à l'exposition de la géométrie, et je réussis à trouver, parmi les premières propositions de cette science, deux systèmes de propositions qui s'adaptaient de point en point aux systèmes abstraits que j'avais imaginés. Ainsi la méthode de recherche que j'avais suivie n'était probablement pas tout à fait défectueuse, puisqu'elle m'avait conduit à des conséquences vérifiées par l'observation.

Toutefois, quand je cherchai à donner à ces études la forme rigoureuse que doivent avoir des études de logique lorsqu'on désire appliquer leurs résultats à des sujets de mathématiques, je m'aperçus que les éléments logiques des propositions de mathématique, confondus par moi jusque là sous le nom de condition, sont en réalité des choses si nombreuses et si différentes entre elles qu'il me sembla bien difficile, pour ne pas dire impossible, de saisir leurs caractères communs, et conséquemment de définir ce qu'on peut appeler une condition.

Par suite, l'idée de proposition composée avec l'idée de condition devint pour moi vague et obscure, et il se trouva que les propositions de logique que j'avais admises ne pouvaient pas même être énoncées d'une façon satisfaisante, puisqu'il entrait naturellement dans les énoncés de ces propositions les mots condition, proposition, et d'autres mots d'une signification tout aussi vague. Dès lors, la méthode que j'avais suivie dans mes recherches ne me parut pas praticable dans l'exposition de leurs résultats. Je me décidai à exposer seulement ceux de ces résultats que j'avais pu appliquer à des systèmes de propositions de mathématiques et à les présenter comme obtenus simplement par l'observation de ces systèmes de propositions.

Quant aux autres résultats de mes premières recherches, je me propose d'essayer de les appliquer, comme les précédents, à des propositions de mathématique, et j'exposerai successivement ceux d'entre ces faits que je parviendrai ainsi à appliquer, au fur et à mesure que je pourrai les présenter comme obtenus par la simple observation.

Je me propose aussi de chercher dans les propositions de mathématique de nouveaux exemples des faits de logique que j'ai déjà exposés.

Lorsque j'aurai rassemblé ainsi un certain nombre de faits de logique, je pourrai alors tenter de nouveau de m'écarter de la simple observation dans l'exposition de ces faits et dans la recherche de faits nouveaux.

Outre les divers systèmes de propositions réciproques, on trouve, en comparant les propositions de mathématique, des faits de logique d'une nature toute différente. On a souvent, en effet, à considérer, à côté d'une proposition dans laquelle on affirme ou suppose qu'une ou plusieurs conditions sont réalisées, d'autres propositions où l'on affirme ou suppose au contraire que ces mêmes conditions ne sont pas réalisées. Telles sont les deux propositions suivantes :

Dans tout quadrilatère convexe :

1° *Si les côtés opposés sont égaux deux à deux, les diagonales se coupent mutuellement en deux parties égales ;*

2° *Si les côtés opposés ne sont pas égaux deux à deux, les diagonales ne se coupent pas mutuellement en deux parties égales.*

La considération de ce genre de faits semble pouvoir conduire à des résultats fort utiles, surtout si l'on rapproche ces résultats de ceux qui ont rapport aux différents systèmes de propositions réciproques. Mais ce sujet est fort délicat à étudier, et les quelques faits de ce genre que j'ai cru remarquer ne m'ont pas encore paru assez évidents pour mériter d'être exposés.

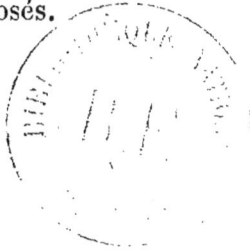

Janvier 1872.

PARIS. — Imprimerie GAUTHIER-VILLARS, 55, quai des Grands-Augustins.

www.ingramcontent.com/pod-product-compliance
Lightning Source LLC
Chambersburg PA
CBHW060455210326
41520CB00015B/3959